¡AUCH! Serpientes que muerden

Alan Walker

Traducción de Sophia Barba-Heredia

ÍNDICE

Un libro de El Semillero de Crabtree

CRABTREE
Publishing Company
www.crabtreebooks.com

¡AUCH! Serpientes que muerden

Las serpientes son **reptiles** escurridizos que viven casi en cualquier lugar de la Tierra.

bocaracá

pitón arborícola verde

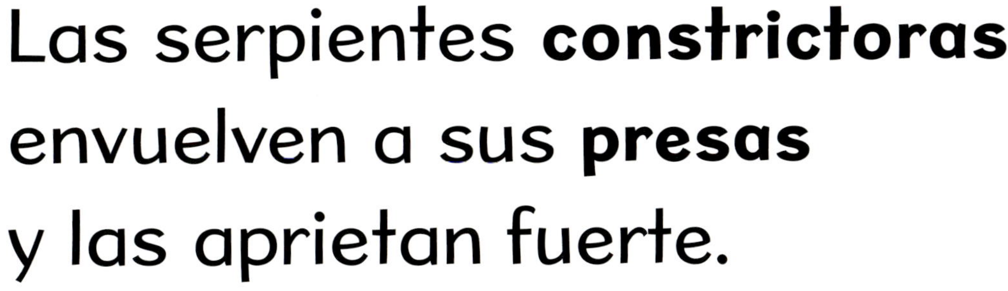

Las serpientes **constrictoras** envuelven a sus **presas** y las aprietan fuerte.

¡!

Una serpiente constrictora usa sus músculos para tensarse alrededor de su presa y matarla.

Otros tipos de serpientes muerden a sus presas. Algunas mordeduras de serpiente son mortíferas.

cascabel de las rocas

Existen más de 3 000 especies de serpientes en la Tierra. Algunas, como la cobra real, son **venenosas**.

cobra real

Muchas serpientes morderán para defenderse.

cascabel diamantina del oeste

Las serpientes venenosas tienen colmillos, los usan para inyectar veneno a sus presas.

Los colmillos de las serpientes son huecos, permitiendo que el veneno pase a la víctima.

Algunas mordeduras de serpiente solo son dolorosas, otras pueden ser mortales.

cascabel diamantina del oeste

víbora de
labio blanco

El veneno es una mezcla de **toxinas**.

Las serpientes son carnívoras. Son carnívoros los animales que comen a otros animales.

Las serpientes comen roedores, ranas, insectos, aves, huevos y otros reptiles.

Las serpientes de cascabel hacen sonar su cola como señal de advertencia.

serpiente de cascabel del Pacífico Sur

Las serpientes tienen métodos para asustar a otros animales.

¡!

Si escuchas el sonido del cascabel, mantente alejado. ¡Las serpientes de cascabel son muy venenosas!

Las cobras extienden las costillas de su cuello creando una capucha.

¡!

La cobra real puede crecer hasta 18 pies (5.5 metros) de largo y es extremadamente venenosa.

Las cobras cambian la forma de su cuerpo para parecer más grandes. Además, hacen un sonido siseante muy fuerte.

serpiente cobra real

UN ACERCAMIENTO A LAS SERPIENTES

lengua bífida: utilizada para olfatear el aire

piel escamosa: provee un buen agarre en las superficies, como el neumático de un coche en la carretera

colmillos: utilizados para protección y para cazar presas

esqueleto: una larga columna vertebral y cientos de costillas hacen a la serpiente muy flexible

músculos: se contraen para ayudar a la serpiente a moverse

Recuerda, a las serpientes les gusta su espacio. No acorrales a una serpiente. Podría atacarte y morderte.

víbora de foseta azul

GLOSARIO

constrictoras: Serpientes que asesinan enrollándose en sus presas y apretándolas hasta matarlas.

presas: Animales que son cazados por otros animales.

reptiles: Animales de sangre fría que están cubiertos por escamas. La mayoría de los reptiles ponen huevos.

toxinas: Venenos.

venenosas: Capacidad de inyectar veneno en una mordida o picadura.

ÍNDICE ANALÍTICO

Apoyos de la escuela a los hogares para cuidadores y maestros

Este libro ayuda a los niños en su desarrollo al permitirles practicar la lectura. Abajo están algunas preguntas guía para ayudar al lector a fortalecer sus habilidades de comprensión. En rojo hay algunas opciones de respuesta.

Antes de leer:

- **¿De qué pienso que tratará este libro?** *Pienso que este libro es sobre serpientes que muerden. Pienso que este libro es sobre diferentes tipos de serpientes.*
- **¿Qué quiero aprender sobre este tema?** *Quiero aprender qué tipos de serpientes son venenosas. Quiero aprender qué hacer si una serpiente me muerde.*

Durante la lectura:

- **Me pregunto por qué...** *Me pregunto por qué algunas serpientes estrujan a sus presas y otras las muerden. Me pregunto por qué hay tantos diferentes tipos de serpientes.*
- **¿Qué he aprendido hasta ahora?** *Aprendí que hay más de 3 000 especies de serpientes en la Tierra. Aprendí que los colmillos de las serpientes son huecos para que el veneno pueda pasar a las presas.*

Después de leer:

- **¿Qué detalles aprendí de este tema?** *Aprendí que las serpientes comen roedores, ranas, insectos, pájaros, huevos y otros reptiles. Aprendí que las serpientes de cascabel agitan sus colas como señal de advertencia para asustar a otros animales.*
- **Lee el libro de nuevo y busca las palabras del glosario.** *Veo la palabra* ***presas*** *en la página 5 y la palabra* ***venenosas*** *en la página 7. Las demás palabras del vocabulario están en la página 23.*

Library and Archives Canada Cataloguing in Publication

Available at the Library and Archives Canada

Library of Congress Cataloging-in-Publication Data

Available at the Library of Congress

Crabtree Publishing Company

www.crabtreebooks.com 1–800–387–7650

Published in the United States
Crabtree Publishing
347 Fifth Ave.
Suite 1402-145
New York, NY 10016

Published in Canada
Crabtree Publishing
616 Welland Ave.
St. Catharines, Ontario
L2M 5V6

Written by Alan Walker

Translation to Spanish: Sophia Barba-Heredia

Spanish-language layout and proofread: Base Tres

Print coordinator: Katherine Berti

Printed in the U.S.A./092021/CG20210616

Print book version produced jointly with Blue Door Education in 2022

Photo credits: Cover © By Marek Velechovsky-Shutterstock.com; www.shutterstock.com, www.istock.com. PGs 2-3; flukyfluky, Smitt. PGs 4-5; ConstantinCornel, AlinaMD, gutaper. PGs 6-7; ConstantinCornel, rticknor, Heiko Kiera. PGs 8-9; davemhuntphotography, Dmitrii Erekhinskii. PGs 10-11; Peter Waters, jakkaphol phothongnak. PGs 12-13; dennisvdw, Luis Jimenez Benito, yod67. PGs14-15; LuckyToBeThere, Sergey_Ko. PGs 16-17; Federico. Crovetto. PGs 18-19; SHipskyy, _jure. PGs 20-21; feedough, JasonOndreicka, Macrolife.it, katoosha, Fotocute, N-sky, George Chernilevsky. PGs 22-23; BlueRingMedia.